15. QUIZ

Trage die fehlenden Zahlen in die Äpfel ein.

6P.

Finde die Nachbarzahlen.

6P.

Zerlege in Zehner und Einer.

	Z	E
14 =		
9 =		
18 =		

	Z	E
20 =		
7 =		
12 =		

6P.

Von 18 Punkten hast du ☐ erreicht!

15. QUIZ LÖSUNG

	Z	E
14 =	1	4
9 =	0	9
18 =	1	8

	Z	E
20 =	2	0
7 =	0	7
12 =	1	2

16. QUIZ

Schreibe die Zahlen richtig auf.

1Z 3E = ☐ 2Z 0E = ☐

1Z 0E = ☐ 1Z 7E = ☐ 1Z 8E = ☐

1Z 1E = ☐ 1Z 4E = ☐

7P.

Fülle aus.

2 dazu →		2 weg →		3 dazu →		3 weg →	
11		19		8		14	
16		12			13		16
13		14		7		11	
15		11			16		12
9		13			19	7	

20P.

Von 27 Punkten hast du ☐ erreicht!

16. QUIZ LÖSUNG

1Z 3E = 13

2Z 0E = 20

1Z 0E = 10

1Z 7E = 17

1Z 8E = 18

1Z 1E = 11

1Z 4E = 14

2 dazu →		2 weg →		3 dazu →		3 weg →	
11	13	19	17	8	11	14	11
16	18	12	10	10	13	19	16
13	15	14	12	7	10	11	8
15	17	11	9	13	16	15	12
9	11	13	11	16	19	7	4

17. QUIZ

Ergänze so, dass das Ergebnis auf der Fahne stimmt.

10	17	14
3 + 4 + ___	10 + 7 + ___	4 + 10 + ___
8 + ___	9 + ___	7 + ___
5 + 2 + ___	4 + 6 + ___	5 + 6 + ___
3 + ___ + 2	7 + 5 + ___	8 + 4 + ___
1 + 6 + ___	3 + 12 + ___	6 + 9 – ___
___ + 4 + 2	10 + 10 – ___	9 + 8 – ___
2 + 12 – ___	8 + 7 + ___	7 + 4 + ___
8 + 6 – ___	14 + ___	6 – 2 + ___
15 – 3 – ___	11 + ___	9 + 2 + ___

27P.

Wenn ich von meiner Zahl 5 wegnehme, erhalte ich 11.

F: Wie heißt meine Zahl?

R: ______________________________

A: ______________________________

2P.

Von 29 Punkten hast du ☐ erreicht!

17. QUIZ LÖSUNG

R: 11 + 5 = 16

A: Meine Zahl heißt 16.

18. QUIZ

Rechne immer plus 3.

6P.

Rechne immer minus 2.

9P.

Von 15 Punkten hast du ☐ erreicht!

18. QUIZ LÖSUNG

19. QUIZ

Von welchen Zahlen findest du die Hälfte?

1	2	3	4	5	6	7	8	9	10
	1								

11	12	13	14	15	16	17	18	19	20

9 P.

Verdopple die Zahlen.

1	2
2	
3	

7	
8	
9	

4	
5	
6	

10	
11	
12	

11 P.

Welche Zahl passt dazu? Kreuze unten an.

1 P.

Von 21 Punkten hast du ☐ erreicht!

19. QUIZ LÖSUNG

~~1~~	2	~~3~~	4	~~5~~	6	~~7~~	8	~~9~~	10
	1		2		3		4		5

~~11~~	12	~~13~~	14	~~15~~	16	~~17~~	18	~~19~~	20
	6		7		8		9		10

→	
1	2
2	4
3	6

→	
7	14
8	16
9	18

→	
4	8
5	10
6	12

→	
10	20
11	22
12	24

20. QUIZ

Größer > oder kleiner < oder gleich =?

7 + 4	◯	6 + 5
3 + 11	◯	7 + 9
5 + 13	◯	8 + 4
14 + 5	◯	9 + 9
16 – 3	◯	18 – 4
19 – 11	◯	20 – 12
17 – 9	◯	19 – 6
13 – 8	◯	16 – 10

8P.

Von 8 Punkten hast du ☐ erreicht!

20. QUIZ LÖSUNG

$7 + 4 = 6 + 5$

$3 + 11 < 7 + 9$

$5 + 13 > 8 + 4$

$14 + 5 > 9 + 9$

$16 - 3 < 18 - 4$

$19 - 11 = 20 - 12$

$17 - 9 < 19 - 6$

$13 - 8 < 16 - 10$

21. QUIZ

Hüpfe und rechne.

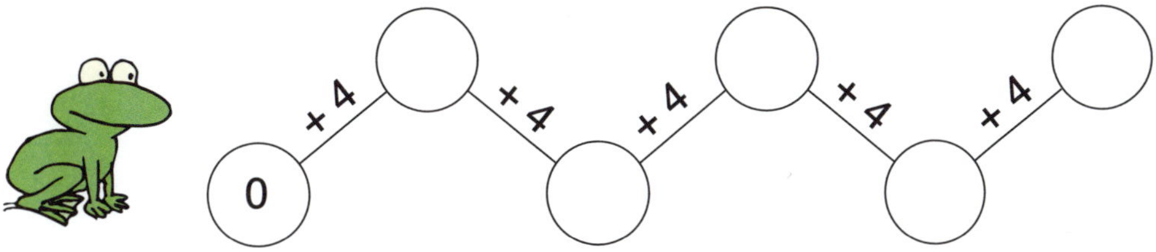

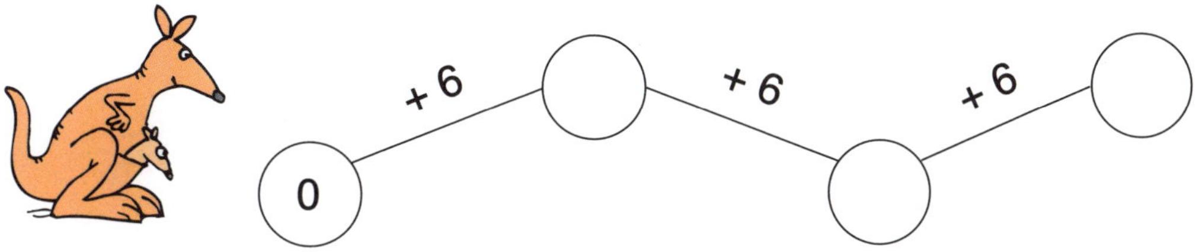

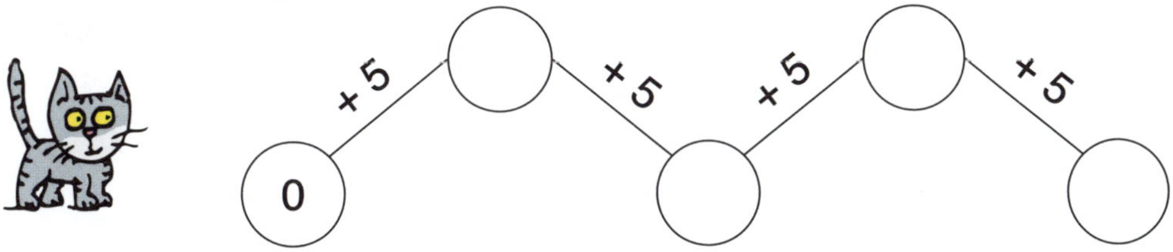

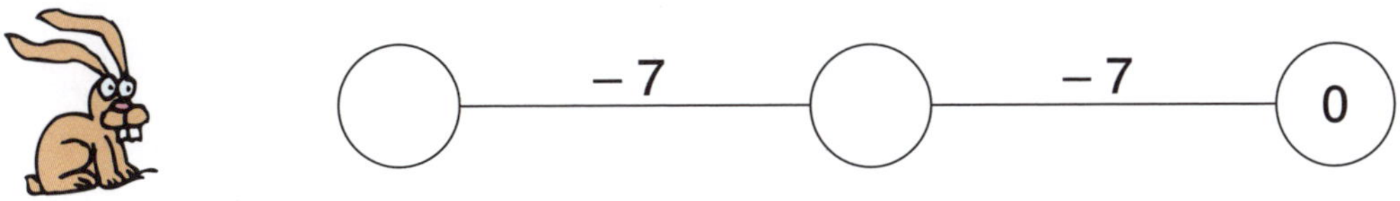

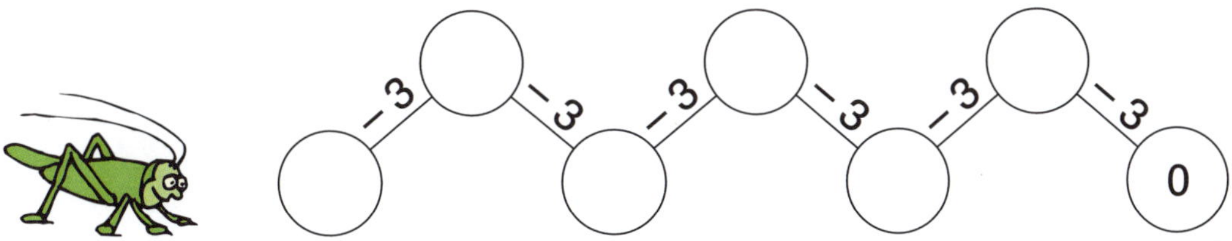

20P.

Von 20 Punkten hast du ☐ erreicht!

21. QUIZ LÖSUNG

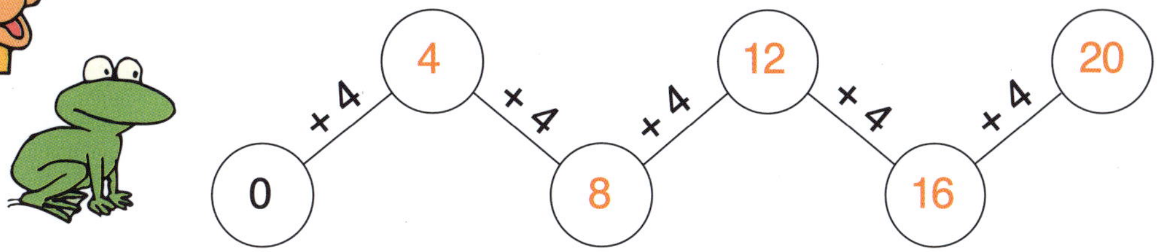

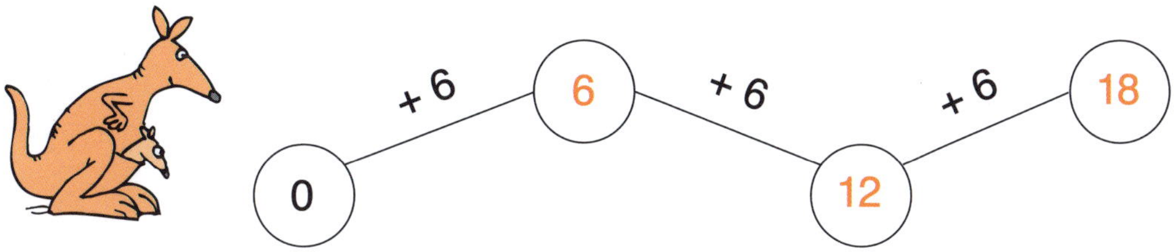

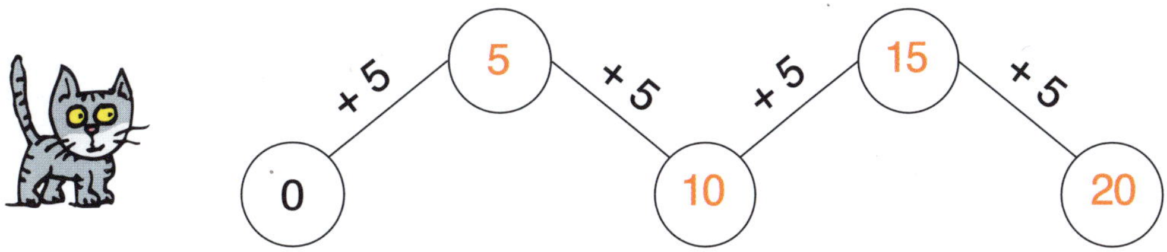

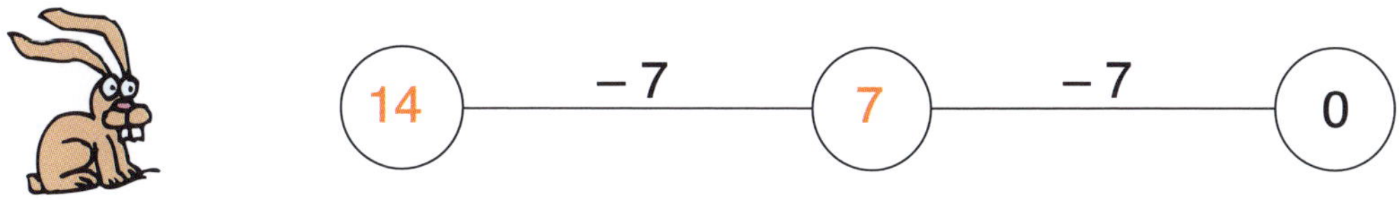

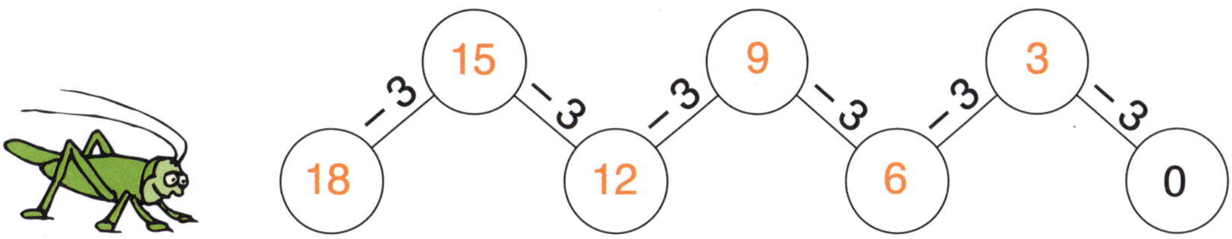

22. QUIZ

$3 + 7 - 4 + 8 = \square$ 1P.

$14 - 9 + 7 = \square$ 1P.

$5 + 7 + 5 - \square = 8$ 1P.

$4 + 4 + 8 - 6 = \square$ 1P.

$17 - 9 - 3 + 8 = \square$ 1P.

Von 5 Punkten hast du ☐ erreicht!

22. QUIZ LÖSUNG

3 + 7 − 4 + 8 = **14**

14 − 9 + 7 = **12**

5 + 7 + 5 − **9** = 8

4 + 4 + 8 − 6 = **10**

17 − 9 − 3 + 8 = **13**

23. QUIZ

Male alle geraden Zahlen gelb an und schreibe sie in die Zeile:

____

10 P.

1	2	3	4	5
6	7	8	9	10
11	12	13	14	15
16	17	18	19	20

Male alle ungeraden Zahlen orange an und schreibe sie auf!

____

10 P.

Von 20 Punkten hast du ☐ erreicht!

23. QUIZ LÖSUNG

2, 4, 6, 8, 10, 12, 14, 16, 18, 20

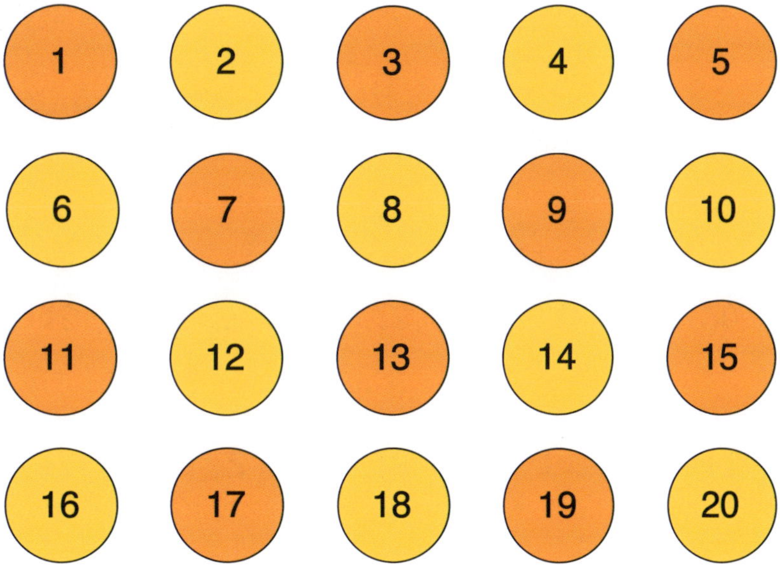

1, 3, 5, 7, 9, 11, 13, 15, 17, 19

Mein dicker
1.-Klasse-Block

Rechengeschichten

Grips
Mich findest du auf jeder Seite links unten als Daumenkino!

1. QUIZ

Bubu wirft Pfeile auf 7 Luftballons. 4 Ballons platzen.

Frage: Wie viele Ballons bleiben übrig?

Rechnung: ______ (3P.)

Antwort: (1 P.)

______

______

______

Von 4 Punkten hast du ☐ erreicht!

1. QUIZ LÖSUNG

Frage: Wie viele Ballons bleiben übrig?

Rechnung:

$7 - 4 = 3$

Antwort:

3 Ballons bleiben übrig.

2. QUIZ

Lilo hat 2 Teddys. Tom bringt noch 3 dazu.

Frage: Wie viele Teddys sind es insgesamt?

Rechnung: ______ (3 P.)

Antwort: (1 P.)

___

___

___

Von 4 Punkten hast du ☐ erreicht!

2. QUIZ LÖSUNG

Frage: Wie viele Teddys sind es insgesamt?

Rechnung:

$2 + 3 = 5$

Antwort:

Es sind insgesamt 5 Teddys.

3. QUIZ

Auf Ollies Hut sind 3 Streifen. Auf Toms Hut sind 3 Streifen mehr.

Frage: Wie viele Streifen haben die Hüte zusammen?

Rechnung: 4 P.

Antwort: 1 P.

Von 5 Punkten hast du ☐ erreicht!

3. QUIZ LÖSUNG

Frage: Wie viele Streifen haben die Hüte zusammen?

Rechnung:

$3 + 3 + 3 = 9$

Antwort:

Die Hüte haben zusammen 9 Streifen.

4. QUIZ

Grips macht 8 Seifenblasen. Das Baby macht 2 wieder kaputt.

Frage: Wie viele Seifenblasen bleiben übrig?

Rechnung: ____________ (3 P.)

Antwort: (1 P.)

____

____

____

Von 4 Punkten hast du ☐ erreicht!

4. QUIZ LÖSUNG

Frage: Wie viele Seifenblasen bleiben übrig?

Rechnung:

$8 - 2 = 6$

Antwort:

Es bleiben 6 Seifenblasen übrig.

5. QUIZ

Hasi malt 6 Eier an. Ein Ei fällt auf den Boden.

Frage: Wie viele Eier bleiben übrig?

Rechnung: 3 P.

Antwort: 1 P.

Von 4 Punkten hast du ☐ erreicht!

5. QUIZ LÖSUNG

Frage: Wie viele Eier bleiben übrig?

Rechnung:

6 – 1 = 5

Antwort:

Es bleiben 5 Eier übrig.

6. QUIZ

Clementine hat 10 Nüsse. Sie schenkt Eichi 5 Nüsse.

Frage: Wie viele Nüsse hat sie noch?

Rechnung: ______ (4P.)

Antwort: (1P.)

______

______

______

Von 5 Punkten hast du ☐ erreicht!

6. QUIZ LÖSUNG

Frage: Wie viele Nüsse hat sie noch?

Rechnung:

$10 - 5 = 5$

Antwort:

Sie hat noch 5 Nüsse.

7. QUIZ

Tom wirft 8 Bälle auf den Korb. 6 Bälle gehen daneben.

Frage: Wie viele Bälle landen im Korb?

Rechnung: ______ (4 P.)

Antwort: (1 P.)

______

______

______

Von 5 Punkten hast du ☐ erreicht!

7. QUIZ LÖSUNG

Frage: Wie viele Bälle landen im Korb?

Rechnung:

$8 - 6 = 2$

Antwort:

Es landen 2 Bälle im Korb.

8. QUIZ

Bubu angelt 5 Fische. 3 schwimmen wieder davon.

Frage: Wie viele Fische bleiben Bubu übrig?

Rechnung: ______ (3P.)

Antwort: (1P.)

______

______

______

Von 4 Punkten hast du ☐ erreicht!

8. QUIZ LÖSUNG

Frage: Wie viele Fische bleiben Bubu übrig?

Rechnung:

$5 - 3 = 2$

Antwort:

Bubu bleiben 2 Fische übrig.

9. QUIZ

Tante Lu macht Pfannkuchen. Sie hat nur 4 Eier.
Sie braucht aber doppelt so viele.

Frage: Wie viele Eier braucht sie insgesamt?

Rechnung: 3P.

Antwort: 1P.

Von 4 Punkten hast du erreicht!

9. QUIZ LÖSUNG

Frage: Wie viele Eier braucht sie insgesamt?

Rechnung:

$4 + 4 = 8$

Antwort:

Sie braucht insgesamt 8 Eier.

10. QUIZ

Auf Omas Bauernhof sind 2 Schweine, 7 Hennen, 3 Pferde und 1 Hund.

Frage: Wie viele Tiere hat Oma?

Rechnung: 4 P.

Antwort: 1 P.

Von 5 Punkten hast du ☐ erreicht!

10. QUIZ LÖSUNG

Frage: Wie viele Tiere hat Oma?

Rechnung:

$2 + 7 + 3 + 1 = 13$

Antwort:

Oma hat 13 Tiere.

11. QUIZ

Lilo liebt Bonbons.
Am Montag lutscht sie 2.
Am Dienstag lutscht sie 4.
Am Mittwoch lutscht sie 3.
Am Donnerstag lutscht sie 1.
Am Freitag lutscht sie 5.
Am Samstag lutscht sie 1.
Am Sonntag lutscht sie keins.

Frage: Wie viele  lutscht Lilo insgesamt?

Rechnung: 5P.

Antwort: 1P.

Von 6 Punkten hast du ☐ erreicht!

11. QUIZ LÖSUNG

Frage: Wie viele   lutscht Lilo insgesamt?

Rechnung:

$$2 + 4 + 3 + 1 + 5 + 1 + 0 = 16$$

Antwort:

Lilo lutscht insgesamt 16 Bonbons.

12. QUIZ

Oma hat 20 Melonen. Sie verkauft 8 Melonen.

Frage: Wie viele Melonen hat sie jetzt?

Rechnung: ______ (3 P.)

Antwort: (1 P.)

____

____

____

Von 4 Punkten hast du ☐ erreicht!

12. QUIZ LÖSUNG

Frage: Wie viele Melonen hat sie jetzt?

Rechnung:

20 – 8 = 12

Antwort:

Jetzt hat Oma 12 Melonen.

13. QUIZ

Tom hat 19 weiße Mäuse. 11 Mäuse laufen weg.

Frage: Wie viele Mäuse bleiben?

Rechnung: 3 P.

Antwort: 1 P.

Von 4 Punkten hast du ☐ erreicht!

13. QUIZ LÖSUNG

Frage: Wie viele Mäuse bleiben?

Rechnung:

19 – 11 = 8

Antwort:

Es bleiben 8 Mäuse.

14. QUIZ

Lilos Freund Olli hat 12 Milchzähne und 6 neue Zähne.

Frage: Wie viele Zähne hat Olli im Mund?

Rechnung: ______ (3 P.)

Antwort: (1 P.)

______

______

______

Von 4 Punkten hast du ☐ erreicht!

14. QUIZ LÖSUNG

Frage: Wie viele Zähne hat Olli im Mund?

Rechnung:

$12 + 6 = 18$

Antwort:

Olli hat 18 Zähne im Mund.

15. QUIZ

Lilo pflückt 18 Blumen. Bubu kauft 10 Blumen.

Frage: Wie viele Blumen hat Bubu weniger?

Rechnung: (3 P.)

Antwort: (1 P.)

___

___

___

Von 4 Punkten hast du ☐ erreicht!

15. QUIZ LÖSUNG

Frage: Wie viele Blumen hat Bubu weniger?

Rechnung:

$18 - 10 = 8$

Antwort:

Bubu hat 8 Blumen weniger.

16. QUIZ

Clementine sammelt Puppen. Sie hat schon 11 Stück.
Grips versteckt 5 davon im Keller.

Frage: Wie viele Puppen sind noch da?

Rechnung: ______ (3 P.)

Antwort: (1 P.)

______

______

______

Von 4 Punkten hast du ☐ erreicht!

16. QUIZ LÖSUNG

Frage: Wie viele Puppen sind noch da?

Rechnung:

$11 - 5 = 6$

Antwort:

Es sind noch 6 Puppen da.

17. QUIZ

Clementine leiht sich von Bubu 3 Autos. Der hat dann noch 8 Autos.

Frage: Wie viele Autos hatte Bubu vorher?

Rechnung: ______ (3 P.)

Antwort: (1 P.)

______

______

______

Von 4 Punkten hast du ☐ erreicht!

17. QUIZ LÖSUNG

Frage: Wie viele Autos hatte Bubu vorher?

Rechnung:

$8 + 3 = 11$

Antwort:

Vorher hatte Bubu 11 Autos.

18. QUIZ

Toms Mama schneidet eine Gurke in 20 Scheiben.
Tom isst 9 Scheiben auf.

Frage: Wie viele Scheiben sind noch da?

Rechnung: 3 P.

Antwort: 1 P.

Von 4 Punkten hast du ☐ erreicht!

18. QUIZ LÖSUNG

Frage: Wie viele Scheiben sind noch da?

Rechnung:

$20 - 9 = 11$

Antwort:

Es sind noch 11 Scheiben da.

19. QUIZ

Hasi hat im Rechen-Test 18 Punkte. Mausi hat 5 Punkte weniger.

Frage: Wie viele Punkte hat Mausi?

Rechnung: 3 P.

Antwort: 1 P.

Von 4 Punkten hast du ☐ erreicht!

19. QUIZ LÖSUNG

Frage: Wie viele Punkte hat Mausi?

Rechnung:

18 – 5 = 13

Antwort:

Mausi hat 13 Punkte.

20. QUIZ

Tom will sich als Indianer verkleiden. Er braucht 17 Federn für sein Indianer-Hemd. Er hat aber erst 6 Federn.

Frage: Wie viele Federn fehlen?

Rechnung: 3 P.

Antwort: 1 P.

___

___

___

Von 4 Punkten hast du ☐ erreicht!

20. QUIZ LÖSUNG

Frage: Wie viele Federn fehlen?

Rechnung:

$17 - 6 = 11$

Antwort:

Es fehlen 11 Federn.

21. QUIZ

5 Leute fahren mit dem Bus. An der Schule steigen 12 Leute ein. Beim Bad steigen 8 Leute aus.

Frage: Wie viele Leute sind jetzt noch im Bus?

Rechnung: (4 P.)

Antwort: (1 P.)

____

____

____

Von 5 Punkten hast du ☐ erreicht!

21. QUIZ LÖSUNG

Frage: Wie viele Leute sind jetzt noch im Bus?

Rechnung:

$5 + 12 - 8 = 9$

Antwort:

Jetzt sind noch 9 Leute im Bus.

22. QUIZ

Auf der Brücke sitzen 6 Vögel. 5 kommen dazu.
2 fliegen weg.

Frage: Wie viele Vögel sind jetzt auf der Brücke?

Rechnung: ______ (4 P.)

Antwort: (1 P.)

______

______

______

Von 5 Punkten hast du ☐ erreicht!

22. QUIZ LÖSUNG

Frage: Wie viele Vögel sind jetzt auf der Brücke?

Rechnung:

$6 + 5 - 2 = 9$

Antwort:

Es sind jetzt 9 Vögel auf der Brücke.

23. QUIZ

Im See schwimmen 16 Leute. 4 Kinder springen dazu.
An der Treppe steigen 6 aus dem Wasser.

Frage: Wie viele Leute sind jetzt noch im Wasser?

Rechnung: (4 P.)

Antwort: (1 P.)

____

____

____

Von 5 Punkten hast du ☐ erreicht!

23. QUIZ LÖSUNG

Frage: Wie viele Leute sind jetzt noch im Wasser?

Rechnung:

16 + 4 – 6 = 14

Antwort:

Jetzt sind noch 14 Leute im Wasser.

Mein dicker 1.-Klasse-Block

Grundwortschatz – Lernwörter der 1. Klasse

Grips
Mich findest du auf jeder Seite links unten als Daumenkino!

1. QUIZ

Beschrifte Bubus Körperteile.

8P.

Setze richtig ein: sein oder ihr.

Das ist Bubus Bauch. Es ist ________ Bauch.

Das ist Lilos Auge. Es ist ________ Auge.

Das ist Toms Hals. Es ist ________ Hals.

Das ist Clementines Bein. Es ist ________ Bein.

4P.

Von 12 Punkten hast du ☐ erreicht!

1. QUIZ LÖSUNG

Das ist Bubus Bauch. Es ist sein Bauch.
Das ist Lilos Auge. Es ist ihr Auge.
Das ist Toms Hals. Es ist sein Hals.
Das ist Clementines Bein. Es ist ihr Bein.

2. QUIZ

Ergänze die fehlenden Buchstaben.

b__au  En__e 

Fin__er  B__ot 

Ku__  gel__ 

fü__f 5 Ha__s 

8P.

Baue auf ↑ oder ab ↓.

 ↑ K Ka Kat Katz Katze

 ↓ ______________________

 ↑ ______________________

 ↓ ______________________ 3P.

Von 11 Punkten hast du ☐ erreicht!

2. QUIZ LÖSUNG

blau	Ente
Finger	Brot
Kuh	gelb
fünf	Haus

K Ka Kat Katz Katze

Hund Hun Hu H

B Bl Bla Blat Blatt

Auge Aug Au A

3. QUIZ

Suche das Wort, das zum Bild passt, und male das Kästchen gelb an.

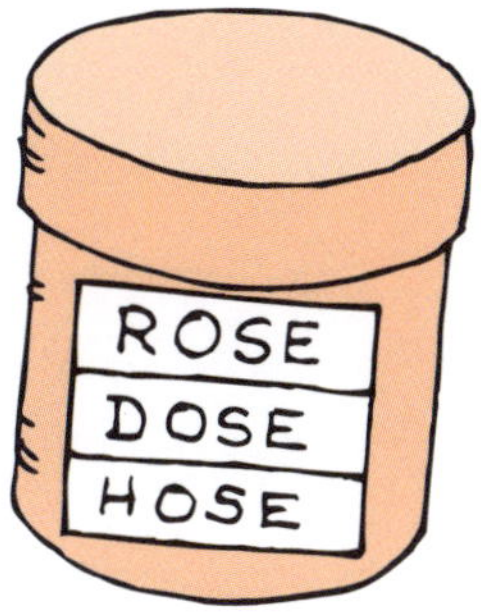

6 P.

Finde noch zwei Reimwörter zu Hand.

2 P.

Von 8 Punkten hast du ☐ erreicht!

3. QUIZ LÖSUNG

Band	Land
Pfand	Sand
Rand	Wand

4. QUIZ

Kreise das richtige Wort ein und schreibe es neben das Bild.

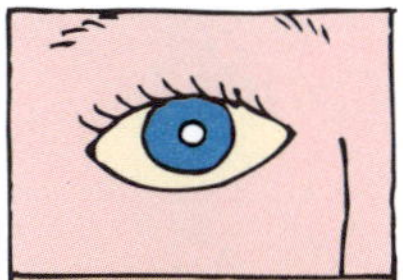

Auto Auge August

Büchse Blatt Buch

Tonne Trompete Telefon

Wüste Kamm Bürste

Pilz Pfanne Pelz

Kreuz Krabbe Kranz

6 P.

Unter den Wörtern ist eines mit 7 Buchstaben. Finde es und trage es in die Kästchen ein.

1 P.

Von 7 Punkten hast du ☐ erreicht!

4. QUIZ LÖSUNG

Auge

Buch

Telefon

Bürste

Pilz

Kranz

T	e	l	e	f	o	n

5. QUIZ

Welche Sätze passen zu dem Bild? Kreuze die Wolken an.

Der Vogel ist im Baum. ☐

Der Rauch ist unter dem Haus. ☐

Der Vogel ist unter dem Dach. ☐

Der Baum ist hinter dem Haus. ☐

Die Katze ist vor dem Haus. ☐

Die Blumen sind neben dem Haus. ☐

Das Kind ist vor dem Haus. ☐

Die Katze ist auf dem Baum. ☐

Das Flugzeug ist über dem Haus. ☐

Das Kind ist im Haus. ☐

Die Katze ist auf dem Dach. ☐

Der Baum ist vor dem Haus. ☐

4 P.

Von 4 Punkten hast du ☐ erreicht!

5. QUIZ LÖSUNG

- [ ] Der Vogel ist im Baum.
- [ ] Der Rauch ist unter dem Haus.
- [ ] Der Vogel ist unter dem Dach.
- [x] Der Baum ist hinter dem Haus.

- [x] Die Katze ist vor dem Haus.
- [x] Die Blumen sind neben dem Haus.
- [ ] Das Kind ist vor dem Haus.
- [ ] Die Katze ist auf dem Baum.
- [ ] Das Flugzeug ist über dem Haus.
- [x] Das Kind ist im Haus.
- [ ] Die Katze ist auf dem Dach.
- [ ] Der Baum ist vor dem Haus.

6. QUIZ

Zähle und schreibe das Zahlwort.

eins

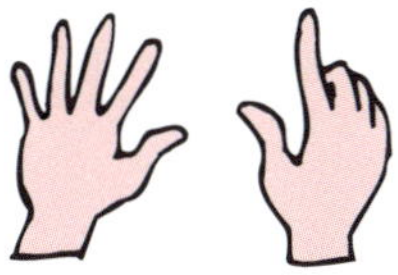

7P.

Von 7 Punkten hast du ☐ erreicht!

6. QUIZ LÖSUNG

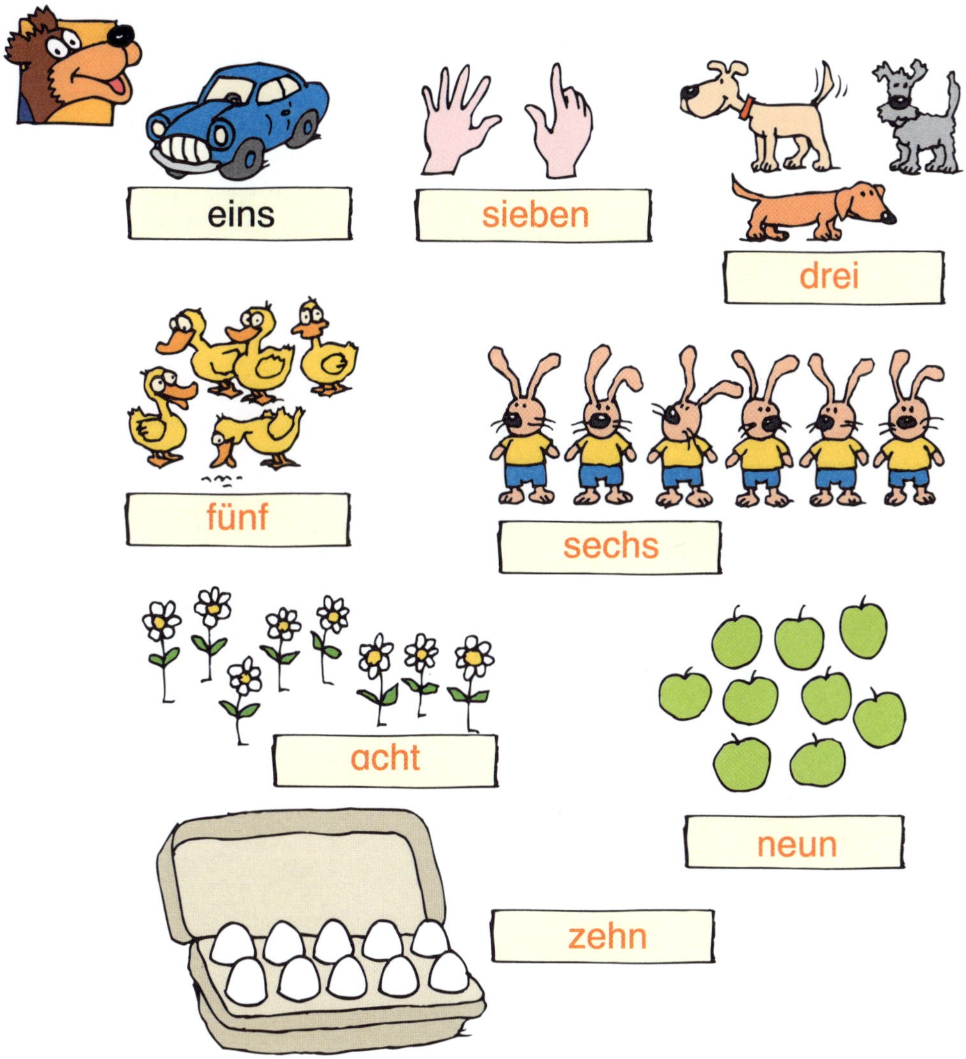

7. QUIZ

Wo hörst du E/e?

12 P.

Von 12 Punkten hast du ☐ erreicht!

7. QUIZ LÖSUNG

8. QUIZ

Kreuze das passende Bild zum Wort an.

Wolke	☐ 	☐ 	☐ 
Schirm	☐ 	☐ 	☐ 
Stock	☐ 	☐ 	☐ 
Berg	☐ 	☐ 	☐ 
Brief	☐ 	☐ 	☐ 
König	☐ 	☐ 	☐ 
Igel	☐ 	☐ 	☐ 
Kopf	☐ 	☐ 	☐ 

8 P.

Von 8 Punkten hast du ☐ erreicht!

8. QUIZ LÖSUNG

9. QUIZ

Unterstreiche alle Tiernamen.

laufen laut bellen Hund Taube

sitzen klein ist dort Esel wo

Ente fünf fein Tiger essen

Amsel da trinken Affe sehen

Hamster Zebra Kuh gesund

Maus zwei Ameise blau

steigen oben gestern Kamel

drei Hase Pferd grün Katze (16 P.)

Von 16 Punkten hast du ☐ erreicht!

9. QUIZ LÖSUNG

laufen laut bellen Hund Taube

sitzen klein ist dort Esel wo

Ente fünf fein Tiger essen

Amsel da trinken Affe sehen

Hamster Zebra Kuh gesund

Maus zwei Ameise blau steigen

oben gestern Kamel drei Hase

Pferd grün Katze singen

10. QUIZ

Kreise die Bilder ein, zu denen du das passende Wort findest. Spure diese Wörter nach.

Schere

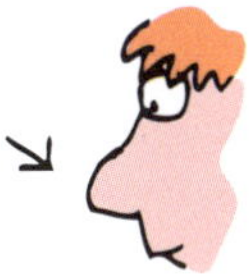

Bus

Vogel

Bach

Gras

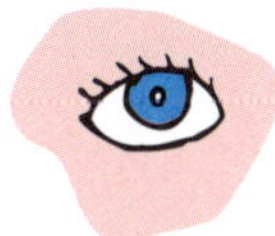

Bein

Kuh

Nase

Nest

Topf

Hand

9 P.

Von 9 Punkten hast du ☐ erreicht!

10. QUIZ LÖSUNG

Schere

Bus

Vogel

Bach

Gras

Bein

Kuh

Nase

Nest

Topf

Hand

11. QUIZ

Welcher Satz passt zum Bild? Kreuze an.

- ☐ Der Baum klettert auf die Katze.
- ☐ Die Katze hat weiße Ohren.
- ☐ Die Katze klettert auf den Baum.

- ☐ Die Brille ist kaputt.
- ☐ Die Brille sitzt auf der Nase.
- ☐ Die Nase sitzt auf der Brille.

- ☐ Der Hund frisst den Ball.
- ☐ Der Ball spielt mit dem Hund.
- ☐ Der Hund spielt mit dem Ball.

- ☐ Die Vase welkt.
- ☐ Die Blumen sind frisch.
- ☐ Die Blumen welken.

4 P.

Von 4 Punkten hast du ☐ erreicht!

11. QUIZ LÖSUNG

- [ ] Der Baum klettert auf die Katze.
- [ ] Die Katze hat weiße Ohren.
- [x] Die Katze klettert auf den Baum.

- [ ] Die Brille ist kaputt.
- [x] Die Brille sitzt auf der Nase.
- [ ] Die Nase sitzt auf der Brille.

- [ ] Der Hund frisst den Ball.
- [ ] Der Ball spielt mit dem Hund.
- [x] Der Hund spielt mit dem Ball.

- [ ] Die Vase welkt.
- [ ] Die Blumen sind frisch.
- [x] Die Blumen welken.

12. QUIZ

Wo hörst du A/a?

12P.

Von 12 Punkten hast du ☐ erreicht!

12. QUIZ LÖSUNG

13. QUIZ

Verbinde die Purzel-Buchstaben mit dem richtigen Bild.

B a m u

u b u B

a l t t B

a h c B

r i e n B

5 P.

Von 5 Punkten hast du ☐ erreicht!

13. QUIZ LÖSUNG

14. QUIZ

Male alle Buchstaben an, die in das Wort gehören.

o a e V w l g

h s K l u

i t l e d B

e K z a r t m

B s c p h u

e a k G n r m t

6 P.

Von 6 Punkten hast du ☐ erreicht!

14. QUIZ LÖSUNG

o a e V w l g

h s K l u

i t l e d B

e K z a r t m

B s c p h u

e a k G n r m t

15. QUIZ

Schreibe oder male.

Auge

Kuh

Buch

Auto

Haus

Torte

12 P.

Von 12 Punkten hast du ☐ erreicht!

15. QUIZ LÖSUNG

Krone

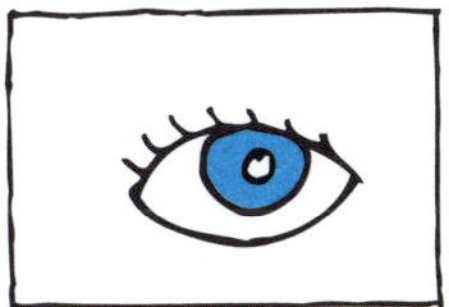

Auge

Wolke

Kuh

Blume

Buch

Bild

Auto

Katze

Haus

Apfel

Torte

16. QUIZ

Male alle Bilder aus, zu denen du das passende Wort findest. Spure dann das Wort nach.

Hund	Wald
Rad	Apfel
Saft	Berg
Sand	Boden
Hase	Buch
Lampe	Maus
Stift	Burg

6 P.

Welche Wörter fangen mit B an? Unterstreiche sie.

4 P.

Von 10 Punkten hast du ☐ erreicht!

16. QUIZ LÖSUNG

Hund	Wald
Rad	Apfel
Saft	Berg
Sand	Boden
Hase	Buch
Lampe	Maus
Stift	Burg

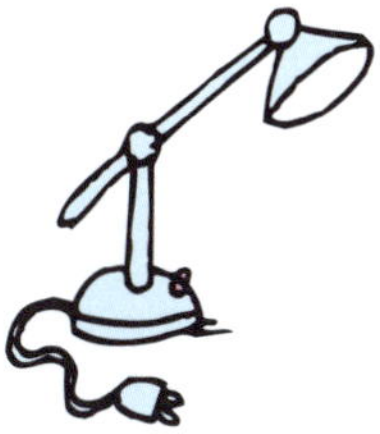

17. QUIZ

Welcher Buchstabe steht am Ende? Trage d oder t ein.

Elefan☐

Gesich☐

Wal☐

Sala☐

Wan☐

Bil☐

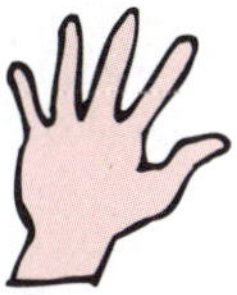

Han☐

Gewan☐

Mon☐

Mun☐

Kin☐

Hun☐

12 P.

Bubu spiel__ im San__. Der Sala__ ist gesun__.
Lilo ruf__ an. Tom bell__ wie ein Hun__.

7 P.

Von 19 Punkten hast du ☐ erreicht!

17. QUIZ LÖSUNG

Elefant

Gesicht

Wald

Salat

Wand

Bild

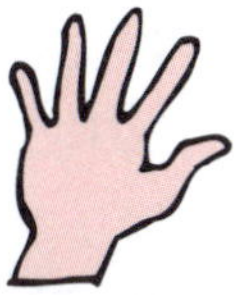

Hand

Gewand

Mond

Mund

Kind

Hund

Bubu spielt im Sand. Der Salat ist gesund.
Lilo ruft an. Tom bellt wie ein Hund.

18. QUIZ

Schreibe die Begleiter der Tiere in die Zeilen.

12 P.

Von 12 Punkten hast du ☐ erreicht!

18. QUIZ LÖSUNG

der

der

der

die

der

der

der

das

die

die

die

der

19. QUIZ

Welcher Satz passt zum Bild?

○ Der Topf ist leer.
○ Tom hat einen Teller auf dem Kopf.
○ Tom hat einen Topf auf dem Kopf.

○ Lilo sitzt auf einem Schneemann.
○ Lilo baut einen Schneemann.
○ Der Schnee ist hoch.

○ Die Kuh macht Muh.
○ Bubu kauft eine Kuh.
○ Bubu melkt eine Kuh.

○ Clementine näht einen Vorhang.
○ Clementine schaukelt im Vorhang.
○ Das Fenster ist zu.

4 P.

Von 4 Punkten hast du ☐ erreicht!

19. QUIZ LÖSUNG

- ○ Der Topf ist leer.
- ○ Tom hat einen Teller auf dem Kopf.
- ⊗ Tom hat einen Topf auf dem Kopf.

- ⊗ Lilo sitzt auf einem Schneemann.
- ○ Lilo baut einen Schneemann.
- ○ Der Schnee ist hoch.

- ○ Die Kuh macht Muh.
- ○ Bubu kauft eine Kuh.
- ⊗ Bubu melkt eine Kuh.

- ○ Clementine näht einen Vorhang.
- ⊗ Clementine schaukelt im Vorhang.
- ○ Das Fenster ist zu.

20. QUIZ

In der Buchstabenreihe sind zwei Wörter versteckt. Ein Wort verrät dir das Bild. Streiche seine Buchstaben ab und lies das Wort, das übrig bleibt. Schreibe es rechts in das Feld.

	~~E~~B~~N~~E~~T~~R~~E~~G	BERG
	APDOFSEEL	
	THEADSDEY	
	KHÄEFMEDR	
	GBAIRRTNEEN	
	HAOUSGEE	
	FBILSUCMHE	
	BKIRLADUT	

7 P.

Von 7 Punkten hast du ☐ erreicht!

20. QUIZ LÖSUNG

	EBNETREG	BERG
	APDOFSEEL	DOSE
	THEADSDEY	TEDDY
	KHÄEFMEDR	HEMD
	GBAIRRTNEEN	GARTEN
	HAOUSGEE	AUGE
	FBILSUCMHE	BLUME
	BKIRLADUT	KRAUT

21. QUIZ

Kreuze das Bild an, das zum jeweiligen Tunwort passt.

heben  ☐  ☐

lernen  ☐  ☐

sitzen  ☐  ☐

weinen  ☐  ☐

essen  ☐  ☐

fliegen  ☐  ☐

reisen  ☐  ☐

7 P.

Von 7 Punkten hast du ☐ erreicht!

21. QUIZ LÖSUNG

heben 

lernen 

sitzen 

weinen 

essen 

fliegen 

reisen 

22. QUIZ

In welcher Dose sind die richtigen Buchstaben?

	F n r i e ☐	g F i e n r ☐	e F i r g ☐
	m f ü f ☐	f f n ü p ☐	n f ü f ☐
	l A p v e ☐	A l f p e ☐	A l f p e f ☐
	t K z a e ☐	K t s a e ☐	K e a z ☐
	H s a e ☐	a s H u ☐	H a u h s ☐
	A u t u ☐	A u t o ☐	A t n h o ☐

6P.

Von 6 Punkten hast du ☐ erreicht!

22. QUIZ LÖSUNG

	Fnrie ☐	gFienr ☒	eFirg ☐
	mfüf ☐	ffünp ☐	nfüf ☒
	lApve ☐	Alfpe ☒	Alfpef ☐
	tKzae ☒	Ktsae ☐	Keaz ☐
	Hsae ☐	asHu ☒	Hauhs ☐
	Autu ☐	Auto ☒	Atnho ☐

23. QUIZ

Trage die Buchstaben in das richtige Kästchen ein.
Welches Wort entsteht? Male das Bild dazu.

D r f o
1 3 4 2

o l g e V
2 5 3 4 1

i S r h m c
4 1 5 3 6 2

f l P u m a e
2 3 1 5 6 4 7

i s W e e
2 4 1 3 5

h a c B
4 2 3 1

6 P.

Von 6 Punkten hast du ☐ erreicht!

23. QUIZ LÖSUNG

Drfo 1 3 4 2	D o r f
olgeV 2 5 3 4 1	V o g e l
iSrhmc 4 1 5 3 6 2	S c h i r m
flPumae 2 3 1 5 6 4 7	P f l a u m e
isWee 2 4 1 3 5	W i e s e
hacB 4 2 3 1	B a c h

Mein dicker
1.-Klasse-Block

Lese- und Rechtschreibrätsel

Grips
Mich findest du auf jeder Seite links unten als Daumenkino!

1. QUIZ

Welches Gemüse hat welche Farbe?

Der ______________________ ist hellgrün.

Die ______________________ ist dunkelgrün.

Die ______________________ sind rot.

Die ______________________ sind braun.

Die ______________________ sind orange.

Die ______________________ ist gelb.

6P.

Wie viele Gemüsestücke zählst du hier?
Schreibe die Anzahl als Wort und die Gemüsesorte.

____

____

2P.

Von 8 Punkten hast du ☐ erreicht!

1. QUIZ LÖSUNG

Der Salat ist hellgrün.

Die Gurke ist dunkelgrün.

Die Tomaten sind rot.

Die Kartoffeln sind braun.

Die Karotten sind orange.

Die Paprika ist gelb.

fünf Salate
sieben Karotten

2. QUIZ

In diesem Garten wohnen viele Tiere. Schreibe ihre Namen in die Leiter und verbinde Wort und Bild.

9P.

Von 9 Punkten hast du ☐ erreicht!

2. QUIZ LÖSUNG

3. QUIZ

In diesem Rätselgitter verstecken sich 20 Wörter ↱↓.
Kreise jedes Wort orange ein.

S	M	G	A	R	T	E	N	I
W	R	U	G	Z	O	H	R	M
A	L	T	Z	W	C	R	G	S
G	U	R	L	I	H	Z	I	P
L	U	L	E	E	T	L	W	L
M	H	A	U	B	E	N	E	U
W	I	N	T	E	R	G	T	O
O	M	D	E	L	T	R	T	S
S	M	C	H	S	M	A	E	T
N	E	B	K	G	N	P	R	U
K	L	E	I	D	E	Q	S	Z
M	U	R	N	K	B	G	O	E
H	A	N	D	B	E	R	G	B
G	L	S	T	R	L	M	U	R
K	A	L	E	N	D	E	R	A
K	G	N	M	G	W	L	O	L

20P.

Von 20 Punkten hast du ☐ erreicht!

3. QUIZ LÖSUNG

S	M	G	A	R	T	E	N	I
W	R	U	G	Z	O	H	R	M
A	L	T	Z	W	C	R	G	S
G	U	R	L	I	H	Z	I	P
L	U	L	E	E	T	L	W	L
M	H	A	U	B	E	N	E	U
W	I	N	T	E	R	G	T	O
O	M	D	E	L	T	R	T	S
S	M	C	H	S	M	A	E	T
N	E	B	K	G	N	P	R	U
K	L	E	I	D	E	Q	S	Z
M	U	R	N	K	B	G	O	E
H	A	N	D	B	E	R	G	B
G	L	S	T	R	L	M	U	R
K	A	L	E	N	D	E	R	A
K	G	N	M	G	W	L	O	L

4. QUIZ

Welche Buchstaben brauchst du, wenn du das Wort zum Bild schreiben willst? Kreise sie ein. Achte auf Groß- und Kleinschreibung.

G e r K l ü m u k h W l

V a s F u n e m n S s t a e r

L A M s a U u r s

E K A a m l e m n t d a e w r

R a S C c h i e r l e

O p P a i z s z i a

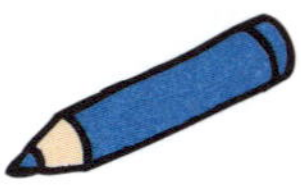

C H S d t e i v f d t

7 P.

Von 7 Punkten hast du ☐ erreicht!

4. QUIZ LÖSUNG

G e r K l ü m u k h W I

V a s F u n e m n S s t a e r

L A M s a U u r s

E K A a m l e m n t d a e w r

R a S C c h i e r l e

O p P a i z s z i a

C H S d t e i v f d t

5. QUIZ

Bilde die Mehrzahl:

ein Auto	viele ______________
Auge	______________
Ente	______________
Hase	______________
Hexe	______________
Eule	______________
Bild	______________
Hose	______________
Katze	______________

9 P.

Welcher Buchstabe fehlt?

A☐to	He☐e	☐ose
En☐e	Bil☐	Ka☐ze
Ha☐e	E☐le	A☐ge

9 P.

Von 18 Punkten hast du ☐ erreicht!

5. QUIZ LÖSUNG

ein Auto	viele Autos
Auge	viele Augen
Ente	viele Enten
Hase	viele Hasen
Hexe	viele Hexen
Eule	viele Eulen
Bild	viele Bilder
Hose	viele Hosen
Katze	viele Katzen

Auto	Hexe	Hose
Ente	Bild	Katze
Hase	Eule	Auge

6. QUIZ

Male das Bild richtig an.

Der Wind ist grau. Der Regen ist bunt.
Der Himmel ist blau. Die Maus ist gelb.
Die Wolken sind rosa. Der Baum ist grün.
Das Haus ist rot. Die Blumen sind lila.

8P.

Von 8 Punkten hast du ☐ erreicht!

6. QUIZ LÖSUNG

7. QUIZ

Kreuze die Sätze an, die einen Sinn ergeben.
Mehrere Lösungen können richtig sein.

Grips sitzt auf der Erde. ☐
Grips spielt auf der Erde. ☐
Grips trägt auf der Erde. ☐

Tom scheint einen Baum. ☐
Tom rechnet einen Baum. ☐
Tom pflanzt einen Baum. ☐

Lilo trägt einen Rock. ☐
Lilo nimmt einen Rock. ☐
Lilo bezahlt einen Rock. ☐

Clementine schneidet einen Apfel. ☐
Clementine singt einen Apfel. ☐
Clementine ruft einen Apfel. ☐

Bubu ist ein Bett. ☐
Bubu schläft im Bett. ☐
Bubu kauft ein Bett. ☐

9 P.

Von 9 Punkten hast du ☐ erreicht!

7. QUIZ LÖSUNG

- [x] Grips sitzt auf der Erde.
- [x] Grips spielt auf der Erde.
- [ ] Grips trägt auf der Erde.

- [ ] Tom scheint einen Baum.
- [ ] Tom rechnet einen Baum.
- [x] Tom pflanzt einen Baum.

- [x] Lilo trägt einen Rock.
- [x] Lilo nimmt einen Rock.
- [x] Lilo bezahlt einen Rock.

- [x] Clementine schneidet einen Apfel.
- [ ] Clementine singt einen Apfel.
- [ ] Clementine ruft einen Apfel.

- [ ] Bubu ist ein Bett.
- [x] Bubu schläft im Bett.
- [x] Bubu kauft ein Bett.

8. QUIZ

Wo hörst du E/e?

12 P.

Von 12 Punkten hast du ☐ erreicht!

8. QUIZ LÖSUNG

9. QUIZ

Beschrifte Lilos Spielsachen.

8 P.

Mache nach jedem Wort einen Strich.

UHRTEDDYAUTOBUCH
STIFTBAUMHASEBALL

8 P.

Von 16 Punkten hast du ☐ erreicht!

9. QUIZ LÖSUNG

Auto

Baum

Buch

Ball

Hase

Stift

Teddy

Uhr

UHRTEDDYAUTOBUCH
STIFTBAUMHASEBALL

10. QUIZ

Das sind Bubus Bärenfreunde. Male ihre Kleidung so an, wie sie beschrieben ist.

6 P.

Trage ein, wie die Felder ausgemalt sind.

__________________ __________________

__________________ __________________

__________________ __________________

6 P.

Von 12 Punkten hast du ☐ erreicht!

10. QUIZ LÖSUNG

lila Streifen	rote Streifen
blau	gelbe Punkte
braune Punkte	grüne Vierecke

11. QUIZ

Welches Wort gehört zum Bild? Kreuze an.

	Blüte ☐	Ball ☐	Blatt ☐
	Bild ☐	Lampe ☐	Birne ☐
	Halle ☐	Haus ☐	Fenster ☐
	Zehen ☐	Nagel ☐	Hand ☐
	Thermometer ☐	Computer ☐	Telefon ☐
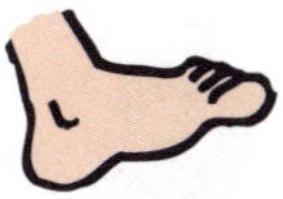	Socken ☐	Fuß ☐	Schuh ☐
	Vase ☐	Wald ☐	Wiese ☐
	Kegel ☐	Krone ☐	Kranz ☐

8 P.

Von 8 Punkten hast du ☐ erreicht!

11. QUIZ LÖSUNG

	Blüte ☒	Ball ☐	Blatt ☐
	Bild ☐	Lampe ☐	Birne ☒
	Halle ☐	Haus ☒	Fenster ☐
	Zehen ☐	Nagel ☐	Hand ☒
	Thermometer ☐	Computer ☐	Telefon ☒
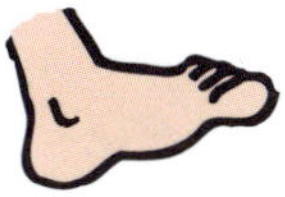	Socken ☐	Fuß ☒	Schuh ☐
	Vase ☐	Wald ☐	Wiese ☒
	Kegel ☐	Krone ☒	Kranz ☐

12. QUIZ

Aufgepasst! Hier sind alle Buchstaben großgeschrieben. Findest du trotzdem alle Namenwörter heraus? Ziehe einen Kreis um jedes Namenwort.

S I E B E N S E K U N D E Ü B E N

T R I N K E N S T I L L S T U N D E R E I C H

S Ä T Z E S P O R T S C H E I B E

Z W I E B E L W O C H E W E R D E N

G E R N E S T I R N S I N G T L I E D E R

T A U B E S P E I S E V A T E R V I E R

W I L L V E R K E H R T A N Z T R Ä G T

N E B E L F R I S C H B L A U E R D E

A L T E N T E L E I C H T B A C K E N

K R A U T K Ö R P E R G E S U N D D A S

D U N K E L L A M P E A P F E L N E U

21P.

Von 21 Punkten hast du ☐ erreicht!

12. QUIZ LÖSUNG

S I E B E N S E K U N D E Ü B E N
T R I N K E N S T I L L S T U N D E R E I C H
S Ä T Z E S P O R T S C H E I B E
Z W I E B E L W O C H E W E R D E N
G E R N E S T I R N S I N G T L I E D E R
T A U B E S P E I S E V A T E R V I E R
W I L L V E R K E H R T A N Z T R Ä G T
N E B E L F R I S C H B L A U E R D E
A L T E N T E L E I C H T B A C K E N
K R A U T K Ö R P E R G E S U N D D A S
D U N K E L L A M P E A P F E L N E U

13. QUIZ

Schreibe zu den Bildern die passenden Begleiter in die Zeilen.

14P.

Von 14 Punkten hast du ☐ erreicht!

13. QUIZ LÖSUNG

die

das

die

die

die

der

das

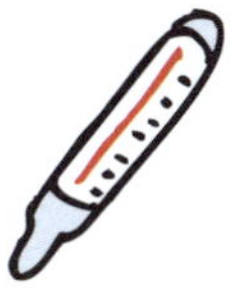
das

der

die

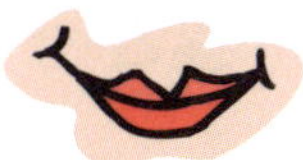
der

die

der

die

14. QUIZ

Schreibe, was Bubu, Grips, Tom, Clementine und Lilo tun.

Bubu isst. ____________ ____________ ____________

____________ ____________

4 P.

Schreibe in der ich-Form.

Ich ____________ ____________ ____________

____________ ____________

5 P.

Von 9 Punkten hast du ☐ erreicht!

14. QUIZ LÖSUNG

Bubu isst.

Grips fliegt.

Tom lacht.

Clementine singt.

Lilo weint.

Schreibe in der ich-Form.

Ich esse. Ich fliege. Ich lache.

Ich singe. Ich weine.

15. QUIZ

Setze für jedes ei ein „ei“ ein. Welche Wörter entstehen?

- Br_ BE ______
- R_se ______
- fl_ßig ______
- n_n ______
- m_ne ______
- B_n ______
- r_n ______
- M_se ______
- l_se ______
- Sp_se ______
- Kl_ster ______
- M_ster ______
- fr_ ______
- H_mat ______
- Kl_d ______
- kl_n ______
- H_di ______
- St_n ______
- Sch_be ______
- Bl_ ______
- S_de ______
- S_fe ______

22P.

Von 22 Punkten hast du ☐ erreicht!

15. QUIZ LÖSUNG

Br…	Brei	M…ster	Meister
R…se	Reise	fr…	frei
fl…ßig	fleißig	H…mat	Heimat
n…n	nein	Kl…d	Kleid
m…ne	meine	kl…n	klein
B…n	Bein	H…di	Heidi
r…n	rein	St…n	Stein
M…se	Meise	Sch…be	Scheibe
l…se	leise	Bl…	Blei
Sp…se	Speise	S…de	Seide
Kl…ster	Kleister	S…fe	Seife

16. QUIZ

Setze einen Punkt nach jedem Satz.

Peter malt ein Bild Mutti kauft Eis
Ich mag Bananen Bald ist Ostern
Mimi trinkt Milch Papa ist in der
Arbeit Das Haus ist alt Du kaufst
ein Heft Morgen gehen wir ins Bad

9P.

Schreibe kleine Sätze, in denen diese Wörter vorkommen.

Bodo – singen ____________________

Lisa – groß ____________________

Vater – Auto ____________________

Mutter – backen ____________________

Bruder – Schule ____________________

Hund – Leine ____________________

Katze – Vogel ____________________

Schwester – lieb ____________________

Seife – riechen ____________________

Stift – grün ____________________ 10P.

Von 19 Punkten hast du ☐ erreicht!

16. QUIZ LÖSUNG

Peter malt ein Bild. Mutti kauft Eis.
Ich mag Bananen. Bald ist Ostern.
Mimi trinkt Milch. Papa ist in der
Arbeit. Das Haus ist alt. Du kaufst
ein Heft. Morgen gehen wir ins Bad.

Bodo – singen	Bodo singt ein Lied.
Lisa – groß	Lisa ist groß.
Vater – Auto	Vater hat ein rotes Auto.
Mutter – backen	Mutter bäckt einen Kuchen.
Bruder – Schule	Mein Bruder geht zur Schule.
Hund – Leine	Unser Hund ist an der Leine.
Katze – Vogel	Die Katze jagt einen Vogel.
Schwester – lieb	Meine Schwester ist lieb.
Seife – riechen	Die Seife riecht gut.
Stift – grün	Mein Stift ist grün.

17. QUIZ

Schreibe das Wort zum Bild und finde zu jedem Bildwort zwei Reimwörter.

 = ______ → ______ → ______

 = ______ → ______ → ______

 = ______ → ______ → ______

 = ______ → ______ → ______

 = ______ → ______ → ______

15 P.

Ergänze die Begleiter!

____ Christbaum	____ Lexikon
____ Kraut	____ Ast
____ Herr	____ Computer
____ Buch	____ Körper
____ Geld	____ Frau
____ Kälte	____ Thermometer

12 P.

Von 27 Punkten hast du ☐ erreicht!

17. QUIZ LÖSUNG

 = Maus → Haus → Laus

 = Blatt → glatt → satt

 = Kind → Rind → blind

 = Dose → Hose → Rose

 = Hund → Mund → rund

der Christbaum	das Lexikon
das Kraut	der Ast
der Herr	der Computer
das Buch	der Körper
das Geld	die Frau
die Kälte	das Thermometer

18. QUIZ

Beschrifte die Teile des Baumes.

6P.

Bilde die Einzahl und die Mehrzahl.

	→ der Baum	→ die Bäume
	→ ______	→ ______
	→ ______	→ ______
	→ ______	→ ______
	→ ______	→ ______
	→ ______	→ ______

10P.

Von 16 Punkten hast du ☐ erreicht!

18. QUIZ LÖSUNG

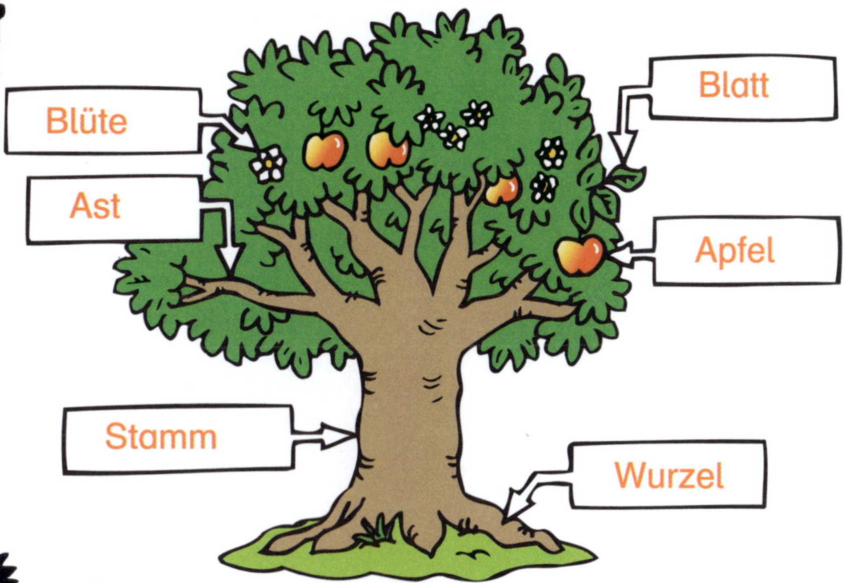

→ der Baum → die Bäume

→ das Blatt → die Blätter

→ der Ast → die Äste

→ der Apfel → die Äpfel

→ die Wurzel → die Wurzeln

→ der Stamm → die Stämme

19. QUIZ

Wo hörst du B/b? Kreuze an.

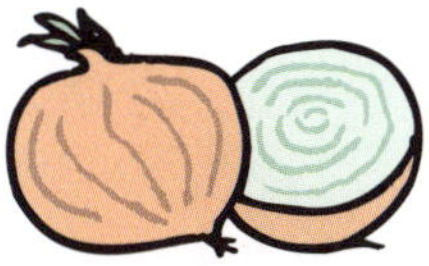

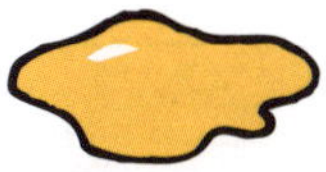

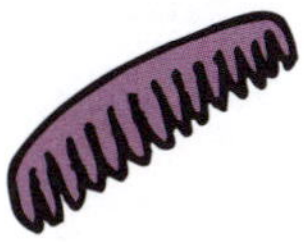

12P.

Von 12 Punkten hast du ☐ erreicht!

19. QUIZ LÖSUNG

20. QUIZ

Kannst du die Wörter fertig schreiben?

Clementine schreibt mit dem _ _ l l _ _.

Sie schreibt einen _ _ i e _.

Clementine schreibt auf buntem _ _ _ i e _.

Im _ _ m m _ _ ist es kalt.

Clementine schließt das _ _ _ s t _ _.

Draußen sitzt eine E u _ _.

Clementine schreibt weiter an ihre _ _ e u _ _ i n.

7 P.

Schreibe folgende Zahlen als Wörter.

11 ________	13 ________
19 ________	14 ________
17 ________	16 ________
18 ________	20 ________

8 P.

Von 15 Punkten hast du ☐ erreicht!

20. QUIZ LÖSUNG

Clementine schreibt mit dem F ü l l e r.

Sie schreibt einen B r i e f.

Clementine schreibt auf buntem P a p i e r.

Im Z i m m e r ist es kalt.

Clementine schließt das F e n s t e r.

Draußen sitzt eine E u l e.

Clementine schreibt weiter an ihre F r e u n d i n.

11	elf	13	dreizehn
19	neunzehn	14	vierzehn
17	siebzehn	16	sechzehn
18	achtzehn	20	zwanzig

21. QUIZ

Beschrifte die Bildteile.

9P.

Von 9 Punkten hast du ☐ erreicht!

21. QUIZ LÖSUNG

22. QUIZ

Finde zusammengesetzte Namenwörter.

 + Salat = ____________________

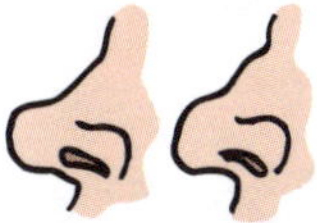 + Bär = ____________________

 + Besen = ____________________

 + Hut = ____________________

Sand +  = ____________________

Regen +  = ____________________

Spaghetti +  = ____________________

 + Zimmer = ____________________

 + Schuh = ____________________ 9 P.

Von 9 Punkten hast du ☐ erreicht!

22. QUIZ LÖSUNG

 + Salat = Tomatensalat

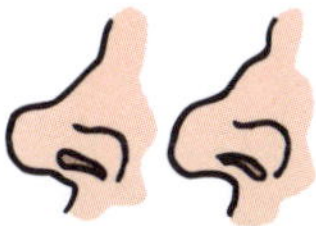 + Bär = Nasenbär

 + Besen = Hexenbesen

 + Hut = Fingerhut

Sand +  = Sandkuchen

Regen +  = Regenschirm

Spaghetti +  = Spaghettitopf

 + Zimmer = Kinderzimmer

 + Schuh = Schneeschuh

23. QUIZ

Schreibe die Wörter vorwärts.
Achte auf Groß- und Kleinschreibung.

legoV	=	
rethcoT	=	
ßiew	=	
nenhow	=	
lezruW	=	
enhäZ	=	
rekcuZ	=	
nhoS	=	
eztälP	=	
nehülb	=	
tneC	=	
ekceH	=	

12 P.

Von 12 Punkten hast du ☐ erreicht!

23. QUIZ LÖSUNG

legoV	=	Vogel
rethcoT	=	Tochter
ßiew	=	weiß
nenhow	=	wohnen
lezruW	=	Wurzel
enhäZ	=	Zähne
rekcuZ	=	Zucker
nhoS	=	Sohn
eztälP	=	Plätze
nehülb	=	blühen
tneC	=	Cent
ekceH	=	Hecke